不 能 說 的
秘密

Photoshop人像攝影調色聖經

鍾百迪、張偉 著

松崗

不能說的秘密：
Photoshop人像攝影調色聖經

作　　　者　鍾百迪、張偉

企 劃 編 輯　顏緣
執 行 編 輯　顏緣
版 面 構 成　曾偉婷
封 面 設 計　邢仁傑

業 務 經 理　徐敏玲
業 務 主 任　陳世偉
行 銷 企 劃　陳雅芬

出　　　版　松崗資產管理股份有限公司
　　　　　　台北市中正區忠孝西路一段50號11樓之6
　　　　　　電話：(02) 2381-3398
　　　　　　傳真：(02) 2381-5266
　　　　　　網址：http://www.kingsinfo.com.tw
　　　　　　電子信箱：service@kingsinfo.com.tw

ISBN　　　　978-957-22-4324-4
圖 書 編 號　XM14004
出 版 日 期　2014 年 (民 103 年) 9月初版

國家圖書館出版品預行編目資料

不能說的秘密：Photoshop人像攝影調色聖經 / 鍾百迪, 張
偉作. -- 初版. -- 臺北市：松崗資產管理, 2014.09
　　面；　　公分
　ISBN 978-957-22-4324-4(平裝)

1.數位影像處理

312.837　　　　　　　　　　　　　　103017145

在Photoshop圖書市場繁榮的今天，本書的編寫獨具特色，揭露了市場上同類書籍、網路教學從未透露的技法和內容，真正從攝影師的角度，並結合讀者的建議而寫成。

本書內容的講解以調色為主，修飾為輔。如今無論是婚紗公司、攝影工作室，還是廣告公司，他們在修飾相片瑕疵、造型的同時，也越來越注重影像的色彩。的確，色彩是視覺傳達裡最重要的訊息之一。

本書特色：

- 有別於Photoshop軟體工具書，本書專門鎖定攝影人所需的Photoshop調色功能，不必去學用不到的繪圖、合成、設計功能。

- 有別於一般調色的書籍，本書關注的重點在於思路剖析、總結，傳授正確的處理方法和技巧，維護攝影人最在意的相片品質。

- 完整包含攝影人最常用的拍攝場景：蘆葦、廢墟、海景、公園、火車站、古村落、沙灘、室內、校園、修理廠、酒吧、商業人像等，讓你能更全面地掌握不同場景的後製調色，讓你擁有最完整的調色寶典。

- 最重要的是，本書將讓你學習到同類書籍、網路教學所沒有的專業調色技法。

本書由鍾百迪、張偉編著，參加編寫的人員還有梁慧、劉洪材、孫際剛、陳金才、何景川、張勤、韓斐、張群、鄒一暢、許邦、曾嬋娟、梁尚萍、龍銀燕。

編者

2013年12月

目錄 CONTENTS

目錄 CONTENTS

68

92

136

目錄 CONTENTS

207

199

232

Chapter 01 | 藝術調色的認識

攝影是一門藝術，藝無定法，如果透過我們手中的技術，可以讓
我們的藝術作品變得更美，何樂而不為呢？藝術調色是藝術攝影
的衍生品，也是攝影技術不可或缺的一環，它遵循了大眾的審美
觀，是廣大的攝影愛好者應該嘗試並掌握的新技術、新內容。

數位照片調色的原因

數位照片調色源於彩色攝影的誕生，彩色攝影比較真實地還原了我們生活中的色彩，如果環境色彩在明暗、對比、平衡、變化、和諧、節奏上，無法很好地表達攝影師的情感方向，很多攝影師就會在後製時，透過控制色彩來表達自己在畫面中的情感訴求。

讓攝影照片色彩更加協調、更加與眾不同，是攝影師使用數位技術對照片進行調色的主要原因。圖形影像軟體技術的發展，帶動了攝影數位暗房技術的發展，它在色彩控制、色彩調整方面，為大批熱愛新技術的攝影師提供了便利。攝影師透過控制畫面中的明暗、色彩的對比、色彩的彩度，增強畫面中的感染力，這種感染力的表現方法可以是真實的，也可以是抽象的，更可以天馬行空。

在這個數位攝影時代，能夠對數位照片進行色彩的影像調整控制，也是今後攝影師的一個基本要求。下圖為調色前後的效果對比。

數位照片藝術調色的比較

這是一個創新的時代,任何一個攝影師都希望自己下一次的照片會比上一次拍得更好。如果我們想要透過數位後製處理,使一張照片的色彩比前期更加協調、更加藝術、更加有感染力、更加有創意,那麼我們就應該學好這門技術,創作出更多的藝術作品。事實證明,符合規律的色彩控制調整,會讓我們的照片更加優秀,也更加符合大家的視覺審美觀。附圖為調色前後的效果對比。

藝術調色具有主觀性也具有規律性

藝術調色有別於校正色彩，校正色彩是一個科學範疇，它不能夠憑藉眼睛和感覺來進行判斷，數位照片色彩的校正有科學的方式與方法。

而數位調色是一個藝術範疇，藝術源於生活，但要高於生活，它有著濃縮化與誇張化的主觀情感。藝術調色的主觀性很強，但是攝影師能夠按照美的規律重新塑造藝術形象，將畫面中的色調、線條、光線等與情感結合起來，使之成為客觀存在的審美對象，陶冶人的情操與性情，弘揚真善美，促進人們之間的交流和社會的發展，這樣的藝術作品必然為大眾所接受。

也許我們會驚歎於攝影師作品裡那漂亮的色彩和極強的表現力，而自己對調色卻總是找不到感覺，摸不著頭緒。是因為自己不夠聰明嗎？答案是否定的。

藝術調色與攝影師的經驗累積、生活習慣、審美價值觀有關，調整色調時，不能只從習慣出發，還要遵循一定的規律。其實對於藝術調色，Photoshop 有著非常簡單而有規律的調色方法。

如何掌握好專業的藝術調色

任何學習都是一個累積的過程，因此建議攝影愛好者在學習調色這門課程前，先熟悉掌握 Photoshop 基本的調色工具。

多看、多練習。一張照片的色調會因為光線、環境、畫面的物體質感、畫面的明暗不同而產生不一樣的效果，例如附圖就是使用 Photoshop 對光線處理後，所產生的不同效果對比。

調色講究規律，要按照一定的方法來表達自己的主觀情緒。另外，要多問為什麼，不要鑽牛角尖，注意歸納分析，觸類旁通。

Chapter **02** | 藝術調色的準備

調色使畫面更有意境和氛圍，對照片進行調色，前期的準備很重
要，本章我們共同來認識照片的三要素——亮部、中間調、暗部，
以及載入三要素為選取範圍的方法。

認識照片的亮部、中間調、暗部 |||||||||||||||||||||||||||||

調整任何一張照片的色彩，首先就是要確定選取範圍，因為我們通常是為照片某一個區域進行調色。

取得精確、過渡自然的選取範圍，是調整照片的首要條件。從大範圍來看，照片可以劃分為三部分：亮部、暗部、中間調。運用影像像素的明暗原理，結合 Photoshop 來精確運算亮部、暗部、中間調範圍，是照片調色的基礎。

製作亮部、暗部、中間調的方法，根據個人習慣和需求的不同，主要有以下幾種：

方法	特點	推薦與否
Photoshop 內建快速鍵	快速、精確、簡單，選區力度合理，適合攝影愛好者	推薦
直接載入 RGB 色版	快速、精確、簡單，選區力度合理，適合攝影愛好者	推薦
顏色範圍	快速、精確，力度很大，適合 Photoshop 高手	不推薦
運算	繁雜、不容易記住，適合 Photoshop 發燒友	不推薦

1. 選取亮部範圍

Photoshop 選取亮部範圍的快速鍵方法有很多，但由於版本不同，方法也不一樣。Photoshop CS4 版本以前的快速鍵是 Ctrl + Alt + ~ 鍵，Photoshop CS4 版本之後的快速鍵是 Ctrl + Alt + 2 鍵。

操作方法一：使用 Photoshop 快速鍵選取亮部的方法

1 *Step* 執行【檔案】→【開啓舊檔】命令，打開原稿圖像（光碟：第 2 章 \2.1\ 原稿 1.JPG）。

2 *Step* 在英文輸入法狀態下，按下快速鍵 Ctrl + Alt + 2，得到的選取範圍就是目前照片的亮部。

1 執行【檔案】→
Step 【開啓舊檔】命
令，打開原稿圖像（光
碟：第 2 章 ＼ 2.1 ＼ 原稿
2.JPG）。

2 執行【視窗】→
Step 【色版】命令，打
開「色版」面板。

3 點擊「色版」面
Step 板底部「載入色
版為選取範圍」按鈕，
得到的範圍就是這張照
片的亮部。

總結：操作方法一得到
的效果和方法二是一樣
的，可根據個人習慣以
及狀況來進行取捨。

操作方法三：顏色範圍選取亮部的方法

1
Step
執行【檔案】→【開啓舊檔】命令，打開原稿圖像（光碟：第 2 章 \2.1\ 原稿 3.JPG）。

2
Step
執行【選取】→【顏色範圍】命令，在「選取」的下拉式選單裡選擇「亮部」命令，然後點擊「確定」按鈕，畫面中出現的選取範圍就是這張照片的亮部。這種方法得到的亮部範圍力度稍微大一些。

操作方法四：採用運算新色版的方法選取亮部

1
Step
執行【檔案】→【開啓舊檔】命令，打開原稿圖像（光碟：第 2 章 \2.1\ 原稿 4.JPG）。

2
Step
執行【影像】→【運算】命令，打開「運算」對話方塊，參數設定如圖所示。

人像膚色通透調亮技巧

上一節，我們詳細講解了選取照片亮部範圍的各種方法，並且比較了它們之間的方便性與有效性，接下來，我們來認識人像膚色通透的調亮技巧。

這裡介紹的方法技巧將在人物調色處理過程中，發揮調亮暗部、通透皮膚的作用。在拍攝前期，我們應該懂得曝光不足，為後製處理留下更多的空間。本例效果對比如下圖所示。

1 *Step* 執行【檔案】→【開啓舊檔】命令，打開原稿圖像（光碟：第 2 章 \2.2\ 原稿 .JPG）。

2 *Step* 在英文輸入法狀態下，按下快速鍵 Ctrl + Alt + 2 得到亮部選取範圍；再按下快速鍵 Shift + Ctrl + I 反轉選取範圍，即可選取暗部。

3
Step

在英文輸入法狀態下，按下快速鍵 Ctrl + J 複製暗部，得到「圖層 1」，並設定圖層混合模式為「濾色」，其目的是調亮暗部區域。

4
Step

此方法在調亮暗部的同時，其他區域也會受到一定的影響，這裡我們只需要將人像調亮，所以選擇「套索工具」將人物選出。

5
Step

接著點擊「圖層」面板底部的「增加圖層遮色片」按鈕。由於明暗過渡得略為生硬，所以可以適當調整「內容」面板上的羽化參數，如圖所示。

5 接著按住 Alt 鍵，同時選擇白色（即亮部）的滑動色塊，此時畫面變黑，拖曳白色色塊向左，當畫面
Step 出現零星白點時鬆開滑鼠，表示亮部調整完畢。到這裡亮部和暗部調整結束，將「黑白 1」圖層刪除，
效果如圖所示。

6
Step

由於畫面過暗且色彩不鮮豔，故繼續調整。點擊「圖層」面板底部的「建立新填色或調整圖層」按鈕，選擇【曲線】命令，得到「曲線 1」圖層，調整 RGB 如圖所示，其目的是調亮畫面。

7
Step

點擊「圖層」面板底部的「建立新填色或調整圖層」按鈕，選擇【自然飽和度】命令，得到「自然飽和度 1」圖層，追加自然飽和度到 85，效果如圖所示。

2 Step 打開「圖層」面板，按下快速鍵 Ctrl+J 複製背景圖層，得到「圖層 1」。

3 Step 執行【濾鏡】→【模糊】→【高斯模糊】命令，打開「高斯模糊」對話方塊，設定強度參數為 8。模糊的參數越大，圖像的模糊程度越大。

4 Step 按住 Alt 鍵，同時點擊「圖層」面板底部的「增加圖層遮色片」按鈕，為「圖層 1」添加黑遮色片，其目的是將圖層 1 上的物件隱藏起來。

5 Step 設定前景色為白色，然後選擇筆刷工具，設定筆刷尺寸為 33，不透明度為 40%，這樣力道小、容易控制，在黑遮色片上塗抹出需要磨皮的區域。

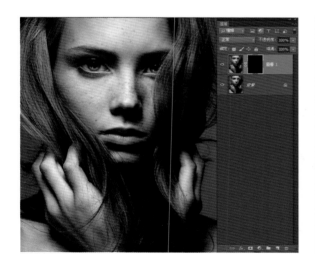

高斯模糊磨皮的效果比較平滑，這種方法通常不適合糖水照片，因為這樣很容易導致人物不清楚，而對於雀斑比較多的人像，此方法最佳。

📷 **TIPS**

1. 雀斑較多的區域需多塗抹幾次，直到完全消除為止。
2. 人像的輪廓切記不要塗抹。

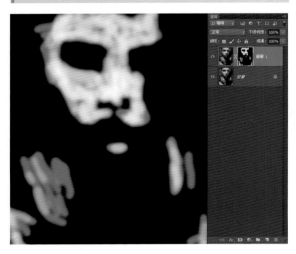

2. 污點和刮痕磨皮

相對高斯模糊的光滑特性，污點和刮痕磨皮能夠自動對圖像添加質感。本例效果對比如下圖所示。

1
Step　執行【檔案】→【開啟舊檔】命令，打開原稿圖像（光碟：第 3 章 \3.1\ 原稿 2.JPG）。

2 打開「圖層」面板，按下快速鍵 Ctrl+J 複製
Step 背景圖層，得到「圖層 1」。

3 執行【濾鏡】→【雜訊】→【污點和刮痕】命令，
Step 設定強度參數為 8，臨界值為 2。

📷 **TIPS**

強度參數決定圖像的磨皮程度，臨界值是用來替圖像添加雜訊。簡單來說，臨界值數值越大，會減輕磨皮的力道，
如果想讓照片呈現光滑效果，可以調小臨界值的數值。

4 按住 Alt 鍵的同時，點擊「圖層」面板底部的
Step 「增加圖層遮色片」按鈕，為「圖層 1」添加
黑遮色片，其目的是將圖層 1 上的物件隱藏起來。

5 設定前景色為白色，然後選擇筆刷工具，設定筆刷尺寸為 10，不透明度為 40%，在黑遮色片上塗抹
Step 出需要磨皮的區域。

6
Step

點擊「圖層」面板底部的「建立新填色或調整圖層」按鈕，在彈出的功能選單中選擇【選取顏色】命令。然後分別對紅色、黃色、綠色、白色、黑色進行調整，如圖所示。

📷 TIPS

調整紅色、黃色的目的是處理皮膚及衣服，調整綠色的目的是對綠葉進行處理，調整白色是因為臉色過於蒼白，調整黑色的目的是處理頭髮。

7 點擊「圖層」面板
底部的「建立新
填色或調整圖層」按鈕，
在彈出的功能選單中選
擇【曲線】命令，調亮
RGB 色版如圖所示。

8 更改圖層的混合
Step　模式為「柔光」，
不透明度為 20%，其目
的是拉大圖像層次間的
反差。

透過對高斯模糊磨皮以及污點和刮痕磨皮的學習，我們得知高斯模糊使皮膚平滑過渡得非常好，而污點和刮
痕則在質感表現上非常好，因此在對人像磨皮處理的時候，可根據自己的需要進行選擇。

運算色版磨皮

運算色版磨皮對於糖水照片、私房照片、高調的攝影照片效果非常好,而且快速、方便。需要注意的是,在拍攝過程中,人物的皮膚面積在畫面中要達到一定的比例。

用運算色版磨皮,首先要懂得分析色版,一般會選擇最髒的色版進行運算。經過無數張照片比較分析,由於人物膚色中的紅色居多,所以紅色版比較亮,出現髒的區域幾乎沒有,最髒的色版在大多數情況下,主要表現在藍色版中,少數為綠色版。本例效果對比如圖所示。

1 **Step** 執行【檔案】→【開啟舊檔】命令,打開原稿圖像(光碟:第 3 章 \3.2\ 原稿 .JPG)。

2 **Step** 打開「色版」面板,選擇藍色版並拖曳至面板底部的「建立新色版」按鈕上,得到「藍 拷貝」色版。

3
Step

執行【濾鏡】→【其他】→【顏色快調】命令，打開「顏色快調」對話方塊，設定強度參數為9.8，其目的是讓人物的髒點與臉部的其他區域分隔開來。

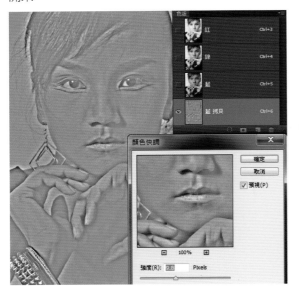

4
Step

執行【影像】→【運算】命令，打開「運算」對話方塊，選擇混合模式為「覆蓋」，其他選項為預設設定，其目的是加大髒點與臉部的明暗反差對比。

5
Step

執行【影像】→【運算】命令，打開「運算」對話方塊，選擇混合模式為「覆蓋」，其他選項為預設設定。

6
Step

執行【影像】→【運算】命令，打開「運算」對話方塊，選擇混合模式為「覆蓋」，其他選項為預設設定。

Step 7 按住 Ctrl 鍵的同時，點擊 Alpha 3，將 Alpha 3 載入為選取範圍。由於色版中的白色代表選取範圍，所以要反轉選取範圍，才能選中髒點。

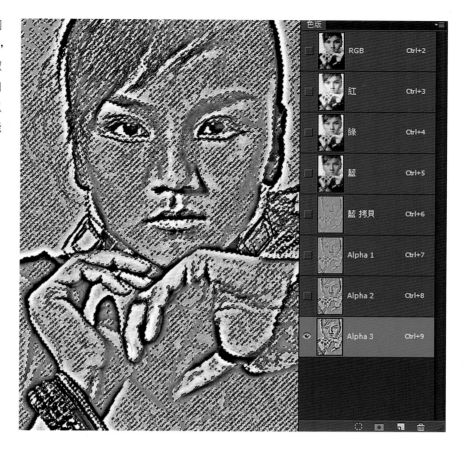

Step 8 點擊「色版」面板上的 RGB 色版，返回圖像狀態，如下方左圖所示。然後按下 Ctrl+Shift+I 鍵反轉選取範圍，選取污點部分，如下方右圖所示。

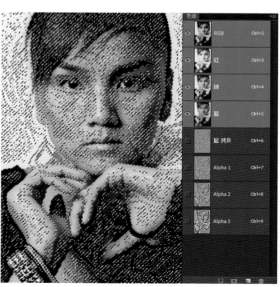

9
Step

點擊「圖層」面板底部的「建立新填色或調整圖層」按鈕，在彈出的功能選單中選擇【曲線】命令，
然後調亮 RGB，即可見到磨皮後的最終效果。

外掛程式磨皮

商業攝影中的人像磨皮，很多都是借助印章工具來完成磨皮的，這需要花費大量的時間與精力，且對於攝影愛好者來說不太實際。因此本節推薦一個不錯的磨皮外掛程式——柯達磨皮。可能很多人覺得柯達磨皮的效果不好，其實這主要是因為參數設定不當。下面我們來認識一下柯達外掛程式。

如何安裝柯達外掛程式？

（1）將從網路上下載的柯達外掛程式，複製
　　　到 Photoshop 目 錄：adobe/Photoshop/
　　　Plug_in 資料夾裡。
（2）啓動 Photoshop 軟體，打開需要處理的
　　　照片。
（3）執行【濾鏡】→【Kodak】命令，打開對
　　　話方塊，如右圖所示。

功能	特點
Blending（混合）	指磨皮後與原圖是否進行混合，相當於圖層的不透明度。通常選擇 100，即不進行混合
Fine（精細）	對人物輪廓的還原，精細值越大越好，推薦值為 100
Medium（中等）	對人物明暗的過渡，通常設定在 0，推薦值為 20~30
Coarse（粗糙）	控制人物的雜訊顆粒

圖層混合模式磨皮

磨皮既要真實，又要有質感，從運算磨皮到外掛程式磨皮，都離不開兩個步驟：打散色塊、製造紋理。本節所講述的圖層混合模式磨皮，既兼顧了色塊，又表現了紋理，本例效果對比如右圖所示。

1 Step　執行【檔案】→【開啟舊檔】命令，打開原稿圖像（光碟：第 3 章 \3.4\ 原稿 .JPG）。

2 Step　打開「圖層」面板，按下快速鍵 Ctrl+J 複製背景圖層，得到「圖層 1」；再按一次 Ctrl+J 鍵，得到「圖層 1 拷貝」。

2 打開「圖層」面
Step 板，點擊面板底
部的「建立新填色或調
整圖層」按鈕，在彈出
的選單中，選擇【選取
顏色】命令。

3 打開「選取顏色」
Step 內容面板，選擇
紅色，根據色相環原理
調整青色、洋紅、黃色，
如圖所示。

2. 增加紅色

本例主要透過【選取顏色】命令來進行處理，由於畫面較暗、反差較弱，所以在沒有使用此命令調整之前，要先對畫面進行簡單的處理。本例效果對比如下圖所示。

1
Step
執行【檔案】→【開啓舊檔】命令，打開原稿圖像（光碟：
第 4 章 \4.2\4.2.1\ 原稿 2.JPG）。

2
Step
在英文輸入法狀態下，按下快速鍵 Ctrl + Alt + 2 選取亮部範圍，如左下圖所示。按下快速鍵 Shift +
Ctrl + I 反轉選取範圍，即可選取暗部。接著按下快速鍵 Ctrl + J 複製暗部，得到「圖層 1」，並設定
圖層混合模式為「濾色」，如右下圖所示，其目的是調亮暗部。

3
Step
點擊「圖層」面板底部的「建立新填色或調整圖層」按鈕，在彈出的選單中選擇【色階】命令，參數
調整如圖所示，其目的是拉大畫面反差，使圖像更清晰。

4 點擊「圖層」面
Step 板底部的「建立
新填色或調整圖層」按
鈕，在彈出的選單中，
選擇【選取顏色】命令，
選擇紅色，根據色相環
原理應減少青色、增加
洋紅與黃色。調整之後
我們發現膚色也發生變
化，使用黑色筆刷塗抹
皮膚即可還原膚色。

調整綠色的範例

1. 減少綠色

1 Step
執行【檔案】→【開啓舊檔】命令，打開原稿圖像（光碟：第 4 章 \4.2\4.2.2\ 原稿 1.JPG）。

2 Step
點擊「圖層」面板底部的「建立新填色或調整圖層」按鈕，在彈出的選單中，選擇【選取顏色】命令。

3 Step
開啓「選取顏色」內容面板，選擇綠色，根據色相環原理調整青色、洋紅、黃色，如圖所示。

2. 增加綠色

對圖像增加綠色，首先要觀察原圖是否有明顯的綠色，如果有，只需借助【選取顏色】命令，根據色相環原理調整相應的色彩即可；如果畫面中沒有明顯的綠色，通常會調整黃色、青色等加以改變。本例效果對比如圖所示。

1
Step
執行【檔案】→【開啟舊檔】命令，打開原稿圖像（光碟：第 4 章 \4.2\4.2.2\ 原稿 2.JPG）。

2
Step
點擊「圖層」面板底部的「建立新填色或調整圖層」按鈕，在彈出的選單中，選擇【選取顏色】命令，選擇綠色，參數調整如圖所示。

3 按下快速鍵 Ctrl + J 複製「選取顏色 1」，得到「選取顏色 1 拷貝」，由於畫面過綠，可適當調整圖層的不透明度。

調整藍色的範例

1. 減少藍色

1 執行【檔案】→【開啟舊檔】命令，打開原稿圖像（光碟：第 4 章 \4.2\4.2.3\ 原稿 1.JPG）。

2 打開「圖層」面板，點擊面板底部的「建立新填色或調整圖層」按鈕，在彈出的選單中，選擇【選取顏色】命令。

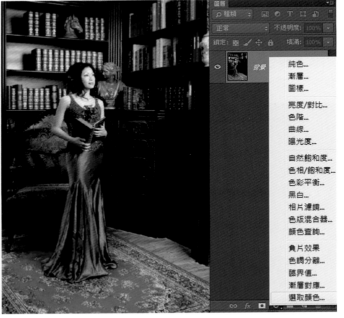

3
Step
打開「選取顏色」內容面板，選擇藍色，根據色相環原理調整青色、洋紅、黃色，如圖所示。

2. 增加藍色

藍色的主要成分有藍色、青色、紫色（及少量的紅色與洋紅混合得到），我們可據此來配合色相環原理調整，本例效果對比如圖所示。

1
Step

執行【檔案】→【開啟舊檔】命令，打開原稿圖像（光碟：第 4 章 \4.2\4.2.3\ 原稿 2.JPG）。

2
Step

打開「圖層」面板，點擊「圖層」面板底部的「建立新填色或調整圖層」按鈕，在彈出的選單中，選擇【選取顏色】命令，調整藍色、青色，參數設定如圖所示。

3
Step

再次執行【選取顏色】命令，調整藍色，參數設定如圖所示，其目的是進一步強化藍色效果。

4 點擊「圖層」面板底部的「建立新填色或調整圖
Step 層」按鈕，在彈出的選單中選擇【曲線】命令，
調整如圖所示，其目的是拉大畫面反差。

綜合調整的範例

在之前的內容中，我們已瞭解如何運用 Photoshop 調整單種顏色，但在對攝影作品調色的實際工作中，往
往需要調整多種顏色，這時我們只需對各種顏色依次進行相應處理即可。

1 執行【檔案】→【開啓舊檔】
Step 命令，打開原稿圖像（光碟：
第 4 章 \4.2\4.2.4\ 原稿 .JPG）。

2 打開「圖層」面板，點擊面板底部的「建立新填色或調整圖層」
Step 按鈕，在彈出的選單中，選擇【選取顏色】命令。

3 Step 打開「選取顏色」內容
面板,先對綠色進行調
整,再對黃色進行調整,參數
設定如圖所示。

總結:大自然有 6 種不同明暗
純度的色彩,而攝影照片的色
彩也是這 6 種,只要充分利用
色彩調整規律,就能總結出調
整方法。

具體操作步驟如下：

1
Step
執行【檔案】→【開啓舊檔】命令，打開原稿圖像（光碟：第 4 章 \4.6\ 原稿 .JPG）。

2
Step
打開「圖層」面板，點擊面板底部的「建立新填色或調整圖層」按鈕，在彈出的選單中，選擇【選取顏色】命令。

3
Step
在開啓的「選取顏色」內容面板中，分別對黃色、綠色、黑色進行調整。

對於數位照片後製的調色，充分利用這 5 個命令，就能調出各式各樣的效果，影像調色工具的歸類如下：

● **整體調色：**【曲線】、【純色】調整圖層（新增填滿圖層）

● **局部調色：**【色彩平衡】

● **具體調色：**【選取顏色】、【色相／飽和度】

Chapter **05** | 藝術調色典型範例

本章我們利用攝影後製典型的範例進行練習，透過對不同類型、不
同場景照片的調色進行分析，為大家提供更好的方法和技巧提示。

常見環境色彩目標控制規律

常見的環境色彩目標控制規律，如下表所示：

環境色彩	存在色彩分析	技巧分析
人物膚色	紅色、黃色	【選取顏色】調整紅色、黃色
春天樹葉顏色	綠色、黃色	【選取顏色】調整綠色、黃色
夏天樹葉顏色	綠色、黃色、青色	【選取顏色】調整綠色、黃色、青色
藍天顏色	藍色、青色	【選取顏色】調整藍色、青色
枯草顏色	黃色、青色	【選取顏色】調整黃色、青色

公園類調色規律

公園裡最常見的顏色為綠色，在拍攝人像的畫面中，總會出現不同明度的綠色，如何讓綠色與人像統一、更加協調呢？本例將為你揭開其中的奧秘。

在本例中，畫面綠色居多，人物為古典裝扮，對於綠色，我們可將其轉變為一種木質、古典而淡雅的色調，使二者相互協調，本例效果對比如圖所示。

Step 1 執行【檔案】→【開啟舊檔】命令,打開原稿
圖像(光碟:第 5 章 \5.2\ 原稿 .JPG)。

Step 2 打開「圖層」面板,按下快速鍵 Ctrl+J 複製
背景圖層,得到「圖層 1」。

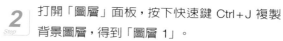

Step 3 執行【濾鏡】→【Kodak】命令,打開對話
方塊,參數設定如圖所示。

Step 4 由於柯達磨皮是
對整張圖進行處
理,所以下面要對不需
要磨皮的區域進行還
原。按住 Alt 鍵的同時,
點擊「圖層」面板底部
的「增加圖層遮色片」
按鈕,得到黑遮色片。

Step **5** 設定前景色為白色，選擇筆刷工具並設定其選項，然後在需要磨皮的地方塗抹。

Step **6** 綠色是具體顏色，因此可建立選取顏色的調整圖層，對綠色進行變色，在調整時儘量使其接近無色。
點擊「圖層」面板底部的「建立新填色或調整圖層」按鈕，在彈出的選單中，選擇【選取顏色】命令，
打開「選取顏色」內容面板，調整綠色，參數設定如圖所示。

Step 7 對黃色進行調整，其目的是改變畫面中綠色的色相，使其與人物相呼應。

Step 8 油紙傘的顏色過於搶眼，所以可將其調整到接近畫面的主色調。

Step 9 畫面出現偏灰現象，建立曲線調整圖層，進行簡單的對比度調整。點擊「圖層」面板底部的「建立新填色或調整圖層」按鈕，在彈出的選單中選擇【曲線】命令，打開「曲線」內容面板進行調整，如圖所示。

10
Step
對藍色進行調整，其目的是為影像增加藍灰色調，使影像顯示出高貴的情調。

11
Step
建立色彩平衡調整圖層，對亮部、暗部進行調整，其目的是在加深藍灰色彩的同時，對影像去灰。點擊「圖層」面板底部的「建立新填色或調整圖層」按鈕，在彈出的選單中，選擇【色彩平衡】命令，打開「色彩平衡」內容面板，調整陰影、亮部。

Step 1 執行【檔案】→【開啟舊檔】命令，打開原稿圖像（光碟：第 5 章 \5.3\ 原稿 .JPG）。

Step 2 由於畫面反差較大，先來調亮畫面的暗部。打開「色版」面板，點擊底部的「載入色版為選取範圍」按鈕，得到亮部部分的選取範圍，如圖所示。

Step 3 接著按下快速鍵 Shift＋Ctrl＋I 反轉選取範圍，再按下 Ctrl＋J 快速鍵複製暗部，得到「圖層 1」，並更改混合模式為濾色，目的是調亮暗部。

Step 4 由於在處理暗部部分時，亮部受到了影響，所以需要對暗部進行還原。按住 Alt 鍵的同時，點擊「圖層」面板底部的「增加圖層遮色片」按鈕，得到黑遮色片。

5
Step
設定前景色為白色，選擇筆刷工具，設定其尺寸為 100，不透明度為 40%，其他選項為預設值，塗抹人物暗部區域，如圖所示。

6
Step
按下快速鍵 Shift+Ctrl+Alt+E，得到「圖層 2」。

7
Step
執行【濾鏡】→【Kodak】命令，打開對話方塊進行磨皮。

8
Step
按住 Alt 鍵的同時，點擊「圖層」面板底部的「增加圖層遮色片」按鈕，得到黑遮色片。

9 選擇筆刷工具，設定其尺寸為 40，不透明度為 100%，然後塗抹皮膚，如圖所示。
Step

10 點擊「圖層」面板底部的「建立新填色或調整圖層」按鈕，在彈出的選單中，選擇【選取顏色】命令，打開「選取顏色」內容面板，對藍色進行調整，參數設定如圖所示，其目的是增加畫面中的藍色成分。
Step

11 再來對青色進行調整，參數設定如圖所示，其目的在於為畫面增加青色的同時，添加純藍色。
Step

12
Step
點擊「圖層」面板底部的「建立新填色或調整圖層」按鈕，在彈出的選單中，選擇【色彩平衡】命令，打開「色彩平衡」內容面板，分別對陰影、亮部進行調整，其目的是對畫面進行去灰處理。

13
Step
點擊「圖層」面板底部的「建立新填色或調整圖層」按鈕，在彈出的選單中選擇【曲線】命令，打開「曲線」內容面板，對藍色進行調整，其目的是為畫面添加高貴的藍灰色。

14
Step
點擊「圖層」面板底部的「建立新圖層」按鈕，得到「圖層 3」，更改圖層混合模式為柔光，其目的是拉大影像的亮部與暗部層次。

7
Step

接著按住 Alt 鍵的同時，選擇黑色（即暗部）的滑動色塊，此時畫面變白，拖曳色塊向右，當畫面出現零星黑點時放開滑鼠，表示暗部調整完畢。到這裡，亮部和暗部都調整好了，即可將「黑白1」圖層刪除。

8
Step

恢復沙地色彩。點擊「圖層」面板底部的「建立新填色或調整圖層」按鈕，選擇【選取顏色】命令，得到「選取顏色1」圖層，參數調整如左下圖所示。由於此調整是針對整個畫面而言的，所以要對它使用從右上到左下的黑白線性漸層，這樣只會改變沙地。而為了使沙地效果更明顯，可按下快速鍵 Ctrl＋J 來複製圖層，得到「選取顏色1 拷貝」圖層。

9
Step

對天空進行調整,由於天空是灰白色,所以只需調整白色即可。點擊「圖層」面板底部的「建立新填色或調整圖層」按鈕,選擇【選取顏色】命令,得到「選取顏色 2」圖層,參數調整如圖所示,其目的是對天空添加黃色。

10
Step

為了使天空呈現唯美的效果,我們在天空原有的色調基礎上,添加少量的冷色系來烘托。點擊「圖層」面板底部的「建立新填色或調整圖層」按鈕,選擇【選取顏色】命令,得到「選取顏色 3」圖層,參數調整如圖所示。

11
Step

由於此調整是針對整個畫面而言的,所以要對它使用從右上到左下的白黑線性漸層,這樣只會保留部分青色。

12 為了更突顯主體，要適當地調亮畫面中的
Step 主體目標。點擊「圖層」面板底部的「建
立新填色或調整圖層」按鈕，選擇【曲線】命令，
調整如圖所示。

13 按下快速鍵 Ctrl + I 得到黑遮色片，使用低不透
Step 明度的白色筆刷來塗抹主體，由於畫面仍然過亮，
要適當降低圖層的不透明度。

蘆葦類調色規律

蘆葦的顏色因季節的不同，色彩也不一樣，其中往往夾帶著綠色與枯草色，由此得知它屬於具體色彩，其次是局部色彩。在蘆葦的調色過程中，可以帶點波西米亞風格的黃色調，再添加一點高貴的紫藍色調，本例效果對比如圖所示。

8
Step
更改「漸層對應
1」圖層的混合模
式為顏色，不透明度為
21%，其目的是對影像
的暗部進行紫色渲染。

9
Step
點擊「圖層」面
板底部的「建立
新填色或調整圖層」按
鈕，在彈出的選單中選
擇【曲線】命令，打開
「曲線」內容面板，調
整 RGB 色版，如圖所
示，其目的是加大畫面
的對比度。

10
Step
點擊「圖層」面板底部的「建立新填色或調整圖層」按鈕，在彈出的選單中選擇【曲線】命令，打開「曲
線」內容面板，調整藍色版，如圖所示。其目的是調暗藍色，讓畫面色彩更偏黃一些，以便更好地表
現出火車古老陳舊的效果。

廢墟類調色規律

廢墟類的照片，畫面色塊較多，且以灰色系列為主。因此在調色過程中，要以整體調整為主。

由於色版是用來記錄影像的資訊，因此我們需要利用色版的混合，來進行照片色調的處理，本例效果對比如圖所示。

1 *Step* 　執行【檔案】→【開啓舊檔】命令，打開原稿
圖像（光碟：第 5 章 \5.7\ 原稿 .JPG）。

2 *Step* 　打開「圖層」面板，按兩次快速鍵 Ctrl + J 複
製背景層，得到「圖層 1」、「圖層 1 拷貝」，
如圖所示。

3 *Step* 　打開「色版」面板，選取「藍」色版。執行【影
像】→【套用影像】命令，打開「套用影像」
對話方塊，選項設定如圖所示。其目的是調暗藍色
色版，增加畫面的黃色。

4 選取「綠」色版，執行【影像】→【套用影像】
Step 命令，打開「套用影像」對話方塊，選項設定
如圖所示，其目的是增加畫面的淺洋紅色調。

5 選取「紅」色版，執行【影像】→【套用影像】
Step 命令，打開「套用影像」對話方塊，選項設定
如圖所示，其目的是增加畫面的淺青色。然後點擊
「RGB」色版，返回影像狀態。

6
Step

先選擇「圖層 1」，按下快速鍵 Shift + Ctrl +]，將其移到「圖層」面板的最上面，然後更改其混合模式為強烈光源，如圖所示，其目的是加重畫面的色彩強度。

7
Step

點擊「圖層」面板底部的「建立新填色或調整圖層」按鈕，在彈出的選單中選擇【色階】命令，打開「色階」內容面板，調整如圖所示，其目的是加亮畫面。

古村落類調色規律

古村落類型的人像色彩調色，畫面的元素大多是名勝古蹟，且大多經過常年累月的風雨洗禮和太陽曝曬，因此在調色過程中，多以墨綠色來模擬青苔效果，藉此突顯人物；而畫面中的名勝古蹟多為暗色元素，可以考慮以局部調色工具為主來進行修改。本例效果對比如圖所示。

1
Step 執行【檔案】→【開啟舊檔】命令，打開原稿圖像（光碟：第 5 章 \5.8\ 原稿 .JPG）。

2
Step 打開「色版」面板，點擊底部的「載入色版為選取範圍」按鈕，得到亮部部分的選取範圍，如圖所示。

3
Step 接著按下快速鍵 Shift + Ctrl + I 反轉選取範圍，再按下 Ctrl + J 快速鍵複製暗部，得到「圖層 1」。

4
Step 更改「圖層 1」的混合模式為濾色，不透明度為 74%，其目的是調亮暗部區域。

5 按住 Alt 鍵的同
Step 時，點擊「圖層」
面板底部的「增加圖層
遮色片」按鈕，得到黑
遮色片。

6 設定前景色為黑色，選擇筆刷工具，適當調整其尺寸、不透明度，然後塗抹背景、人物頭髮，如
Step 圖所示。

17
Step

點擊「圖層」面板底部的「建立新圖層」按鈕，得到「圖層 4」，設定其混合模式為柔光。接著選擇筆刷工具，設定其不透明度為 10%，塗抹皮膚，其目的是讓人物皮膚更富有立體感。

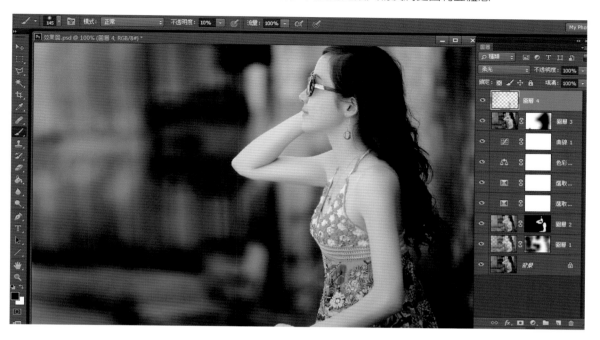

18
Step

點擊「圖層」面板底部的「建立新填色或調整圖層」按鈕，在彈出的選單中，選擇【自然飽和度】命令，打開「自然飽和度」內容面板，調整如圖所示，其目的是潤飾畫面的整體色彩效果。

室內類調色規律

對於室內人像的調色，前期需要把握好對影像的用光，特別是高調的人像，只需稍微注意畫面反差的控制，就可以輕鬆將影像處理得很通透，本例效果對比如圖所示。

4
Step 點擊「圖層」面板底部的「建立新填色或調整圖層」按鈕，在彈出的選單中選擇【純色】命令，打開「純色」對話方塊，參數設定如圖所示。

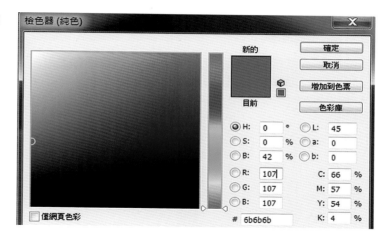

5
Step 設定「色彩填色 1」圖層的混合模式為色彩增值，並適當調整其不透明度，如圖所示，其目的是讓人物更黑。

6
Step 按下快速鍵 Shift + Ctrl + Alt + E 來覆蓋圖層，得到「圖層 1」。

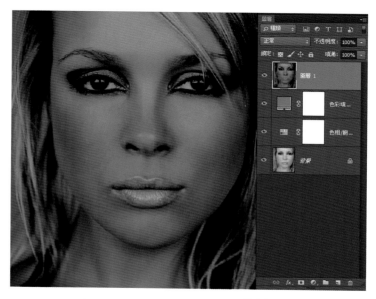

7 執行【濾鏡】→【Kodak】命令，打開對話方塊進行磨皮。磨皮後可以使皮膚變得光滑，為表現金屬
Step 質感做好準備。

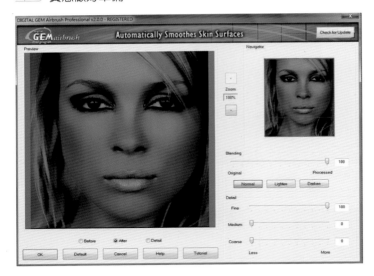

8 由於人物臉部立
Step 體感不夠強，所
以需要強化處理。點擊
「圖層」面板底部的「建
立新圖層」按鈕，得到
「圖層 2」。

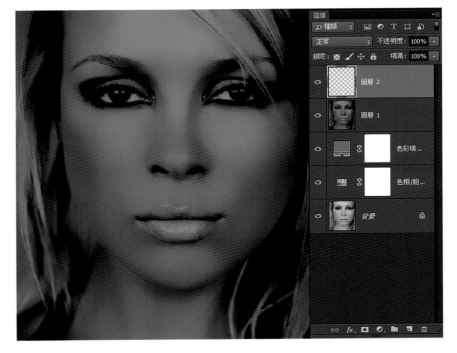

9 設定前景色為白
Step 色，然後選擇筆
刷工具，設定其不透明
度為 13%，對人物臉部
進行立體感處理，主要
是讓人物的額頭、臉頰、
鼻尖、下巴更具有質感，
並設定混合模式為柔
光，如圖所示。

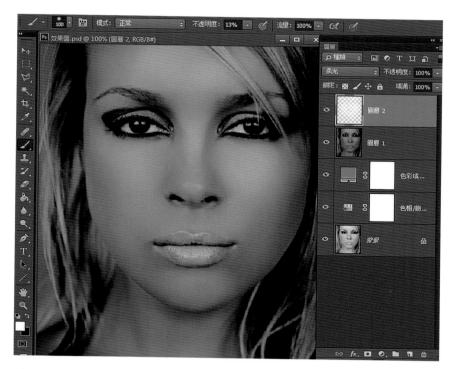

10 點擊「圖層」面
Step 板底部的「建立
新填色或調整圖層」按
鈕，在彈出的選單中選
擇【曲線】命令，打開
「曲線」內容面板，調
整藍、紅、綠色版，如
圖所示。

📷 TIPS

調整藍色色版，目的是減少藍色、增加黃色；調整
紅色色版，目的是增加紅色；調整綠色色版，目的
是加強對比度，為亮部增加綠色，為暗部增加洋紅，
使畫面表現出金屬質感。

11 選擇「背景」圖
Step 層，按下快速鍵
Ctrl + J 來複製背景，得
到「背景 拷貝」圖層；
再 按 下 快 速 鍵 Shift +
Ctrl +]，將其移到「圖
層」面板的最上面。

12 按下快速鍵 Ctrl + M，打開「曲線」對話方塊，調整如圖所示，其目的是對眼睛進行還原。
Step

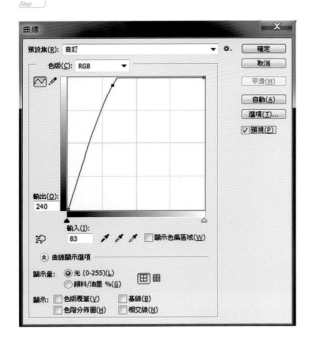

9
Step
重複執行兩次【影像】→【運算】命令，選項全部為預設設定，可得到「Alpha 3」色版。

10
Step
點擊「色版」面板底部的「載入色版為選取範圍」按鈕，將 Alpha 3 載入為選取範圍；然後點擊「RGB」色版，返回影像狀態。

11
Step
按下快速鍵 Shift + Ctrl + I 來反轉選取範圍，再按下快速鍵 Ctrl + M，打開「曲線」對話方塊，調整 RGB 如圖所示，其目的是調亮畫面。

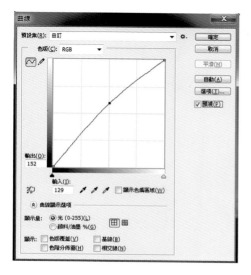

12
Step

按住 Alt 鍵的同時，點擊「圖層」面板底部的「增加圖層遮色片」按鈕，得到黑遮色片；設定前景色為白色，使用筆刷工具塗抹皮膚區域。

13
Step

點擊「圖層」面板底部的「建立新填色或調整圖層」按鈕，在彈出的選單中，選擇【色相/飽和度】命令，打開「色相/飽和度」內容面板，調整紅色、黃色，如圖所示。

📷 TIPS

調整紅色、黃色的目的，是為了將亮度拉到最大，做出漂白人物皮膚的效果。

14 Step　設定前景色為黑色，然後選擇筆刷工具，設定其尺寸為 25，不透明度為 11%，將嘴唇、腮紅的區域塗抹出來；接著降低其圖層的不透明度為 85%，如圖所示。

15 Step　點擊「圖層」面板底部的「建立新填色或調整圖層」按鈕，在彈出的選單中，選擇【選取顏色】命令，打開「選取顏色」內容面板，調整黑色、中間調，如圖所示，其目的是為頭髮的暗部添加藍灰與紅灰色。

16
Step

接著按下快速鍵 Shift+Ctrl+Alt+E 來覆蓋圖層，得到「圖層 3」。

17
Step

執行【濾鏡】→【濾鏡收藏館】命令，在「藝術風」類別下選擇「塑膠覆膜」，設定亮部強度為 4，細部為 15，平滑度為 15。

18
Step

將「圖層 3」的不透明度降低到 41%，其目的是加強皮膚的光滑感。

7 接著按下快速鍵
Step Shift+Ctrl+Alt+E
來覆蓋圖層，得到「圖
層 2」。

8 執行【濾鏡】→【Kodak】命令，打開對話方塊進行磨皮，參數設定如圖所示。
Step

9 按住 Alt 鍵的同
Step 時，點擊「圖層」
面板底部的「增加圖層
遮色片」按鈕，得到黑
遮色片。接著設定前景
色為白色，使用筆刷工
具塗抹人物的皮膚，其
目的是將磨皮區域塗抹
回來。

10 打開「色版」面板，選擇「藍」色版並複製一份，得到「藍拷貝」色版。

11 執行【濾鏡】→【其他】→【顏色快調】命令，參數設定如圖所示。

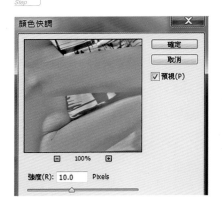

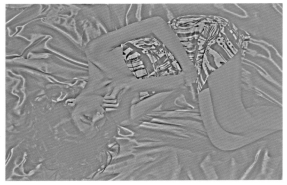

12 執行【影像】→【運算】命令，選項設定如圖所示，得到「Alpha 1」色版。

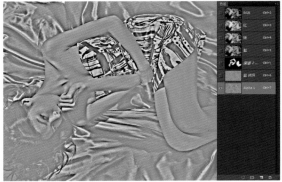

13 重複執行兩次【影像】→【運算】命令，選項全部為預設設定，可得到「Alpha 3」色版。

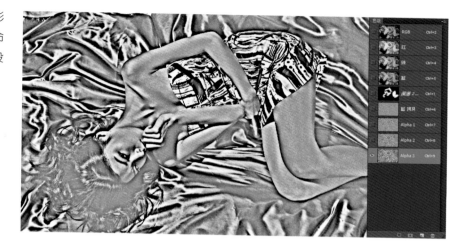

14 點擊「色版」面板底部的「載入色版為選取範圍」按鈕，將 Alpha 3 載入為選取範圍；然後點擊「RGB」色版，返回影像狀態。

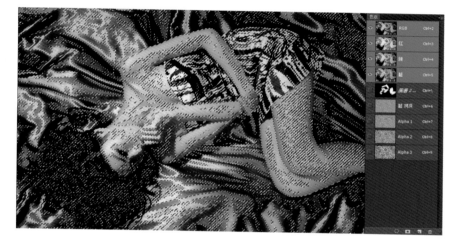

15 按下快速鍵 Shift＋Ctrl＋I 來反轉選取範圍，然後點擊「圖層」面板底部的「建立新填色或調整圖層」按鈕，在彈出的選單中選擇【曲線】命令，打開「曲線」內容面板，調整 RGB 如圖所示。其目的是調亮皮膚，讓皮膚更加光滑。

16 接著按下快速鍵
Shift+Ctrl+Alt+E
來覆蓋圖層，得到「圖
層 3」。

17 執 行【濾鏡】→
【濾鏡收藏館】
命令，在「藝術風」類
別下選擇「塑膠覆膜」，
設定亮部強度為 4，細
部為 15，平滑度為 15。

1
Step
執行【檔案】→【開啟舊檔】命令，打開原稿圖像（光碟：第 6 章 \6.1\ 原稿 .JPG）。

2
Step
由於人物過暗，所以需要調亮。打開「色版」面板，點擊底部的「載入色版為選取範圍」按鈕。

3
Step
接著按下快速鍵 Shift + Ctrl + I 來反轉選取範圍，再按下 Ctrl + J 快速鍵來複製暗部，得到「圖層 1」。

4
Step
更改「圖層 1」的混合模式為濾色，不透明度為 37%，其目的是調亮暗部區域。

5 接著按下快速鍵
Shift+Ctrl+Alt+E
來覆蓋圖層，得到「圖
層 2」。

6 在「色版」面板中
選擇「藍」色版，
並將它複製一份，得到
「藍 拷貝」色版。

7 執行【濾鏡】→【其他】→【顏色快調】命令，參數設定如圖所示。

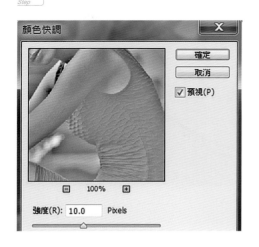

8
Step

執行【影像】→【運算】命令，選項設定如圖所示，得到「Alpha 1」色版。

9
Step

重複執行兩次【影像】→【運算】命令，選項全部為預設設定，可得到「Alpha 3」色版。

10
Step

點擊「色版」面板底部的「載入色版為選取範圍」按鈕，將 Alpha 3 載入為選取範圍；然後點擊「RGB」色版，返回影像狀態。

11
Step

按下快速鍵 Shift + Ctrl + I 來反轉選取範圍，如圖所示。

12
Step

點擊「圖層」面板底部的「建立新填色或調整圖層」按鈕，在彈出的選單中選擇【曲線】命令，打開「曲線」內容面板，調整 RGB 如圖所示，其目的是對人像磨皮的力道進行控制。

13
Step

按下快速鍵 Shift + Ctrl + Alt + E 來覆蓋圖層，得到「圖層 3」。

1
Step
執行【檔案】→【開啟舊檔】命令，打開原稿圖像（光碟：第 6 章 \6.2\ 原稿 .JPG）。

2
Step
打開「圖層」面板， 接著按下快速鍵 Ctrl + J 來複製背景，得到「圖層 1」。

3
Step
執行【濾鏡】→【Kodak】命令，打開對話方塊進行磨皮處理，磨皮後的效果如左圖。

4
Step

由於柯達磨皮是針對整張圖進行
處理，所以我們需要對不用磨皮
的區域進行還原。按住 Alt 鍵，同時點
擊「圖層」面板底部的「增加圖層遮色
片」按鈕，得到黑遮色片。

5
Step

設定前景色為白色，使用筆刷工
具來塗抹人物皮膚，主要包括額
頭、臉頰、鼻樑、下巴、手、腳，如圖
所示。

6
Step

按下快速鍵 Ctrl + E 來向下合併圖層，然後執行【影像】→【模式】→【Lab 色彩】命令，將影像轉
換為 Lab 模式。

7 打開「步驟記錄」
面板，點擊底部
的「建立新增快照」按
鈕，得到「快照 1」，如
圖所示。

8 打開「色版」面
板，並選擇「a」
色版，接著按下快速鍵
Ctrl + A 來全選 a 色版，
再按下快速鍵 Ctrl + C
進行複製。

9
_{Step}

選擇「b」色版，按下 Ctrl+V 快速鍵，將 a 色版貼到 b 色版上面；然後點擊「Lab」色版，返回影像狀態。

10
_{Step}

點擊「步驟記錄」面板底部的「建立新增快照」按鈕，得到「快照 2」，接著更名為「A+B」，然後選擇「快照 1」。

11
Step
打開「色版」面板，並選擇「b」色版，接著按下快速鍵 Ctrl + A 來全選 b 色版，再按下快速鍵 Ctrl + C 進行複製。

12
Step
選擇「a」色版，按下 Ctrl + V 快速鍵，將 b 色版貼到 a 色版上面；然後點擊「Lab」色版，返回影像狀態。

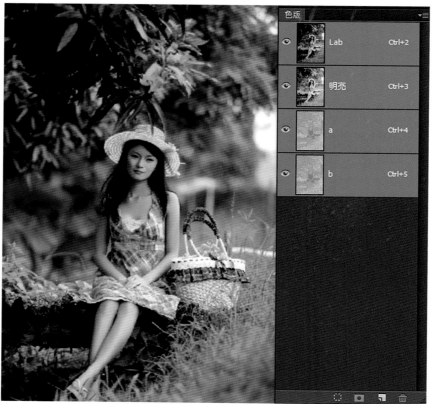

13
Step
點擊「步驟記錄」面板底部的「建立新增快照」按鈕，得到「快照 2」，然後更名為「B+A」。

14
Step
按下快速鍵 Ctrl + A 來全選 B+A 快照，再按下快速鍵 Ctrl + C 進行複製。

15 選擇「步驟記錄」
面板中的「A+B」
快照，按下 Ctrl + V 快
速鍵進行貼上動作。

16 返回「圖層」面
板，得到「圖層
1」，更改其不透明度為
49%，其目的是讓影像
呈現淡雅色彩。

17
Step

接著按下快速鍵 Ctrl + E 來向下合併圖層；並執行【影像】→【模式】→【RGB 色彩】命令，將影像轉換為 RGB 模式。

18
Step

點擊「圖層」面板底部的「建立新填色或調整圖層」按鈕，在彈出的選單中，選擇【選取顏色】命令，打開「選取顏色」內容面板，調整黑色，參數設定如圖所示，其目的是為影像添加藍色。

4 點擊「圖層」面板底部的「建
Step 立新填色或調整圖層」按鈕，
在彈出的選單中，選擇【色相 / 飽和
度】命令，打開「色相 / 飽和度」內
容面板，調整紅色版如圖所示，其目
的是讓紅色裙子變為白色。

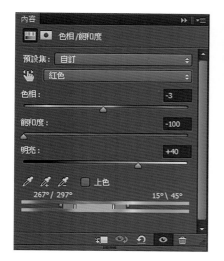

5 使用黑色筆刷工具，塗抹婚紗
Step 以外的區域，其目的是只對婚
紗做去色處理。

6
Step

由於婚紗沒有處
理乾淨,所以要
再次執行【色相 / 飽和
度】命令,降低整張圖
的飽和度為 -100,並按
下快速鍵 Ctrl + I 來得
到黑遮色片,使用白色
筆刷塗抹婚紗上殘餘的
色彩。

7
Step

使用套索工具建立選取範圍,接著點擊「圖層」面板底部的「建立新填色或調整圖層」按鈕,在彈出
的選單中選擇【曲線】命令,調整如圖所示,並降低不透明度,其目的是調亮過於暗淡的區域。

8
Step

由於調整後的邊緣不夠融合，所以要切換到遮色片，適當設定內容面板中的羽化值，如圖所示。

9
Step

由於人像的膚色過於醒目，所以需要降低膚色的飽和度。點擊「圖層」面板底部的「建立新填色或調整圖層」按鈕，在彈出的選單中，選擇【色相／飽和度】命令，參數設定如圖所示。

10
Step 點擊「圖層」面板底部的「建立新填色或調整圖層」按鈕，在彈出的選單中，選擇【選取顏色】命令，分別調整綠色和黃色，其目的是減少綠色，讓綠色變為淡雅色調。

11
Step

點擊「圖層」面板底部的「建立新填色或調整圖層」按鈕，在彈出的選單中，選擇【選取顏色】命令，分別調整綠色和青色，其目的是將葉子稍微調暗。

12
Step
點擊「圖層」面板底部的「建立新填色或調整圖層」按鈕，在彈出的選單中，選擇【色版混合器】命令，參數設定如圖所示，其目的是將整個畫面渲染成淡黃色調。

13
Step
點擊「圖層」面板底部的「建立新填色或調整圖層」按鈕，在彈出的選單中，選擇【亮度／對比】命令，參數設定如圖所示。其目的是使畫面明亮，同時拉大反差。

7
Step
按下快速鍵 Shift + Ctrl + Alt + E 來覆蓋圖層，得到「圖層 3」，將其更名為「合併圖層 1」，然後使用套索工具對人物建立選取範圍，其目的是要使用 Kodak 磨皮。

8
Step
執行【濾鏡】→【Kodak】命令，參數設定如圖所示。

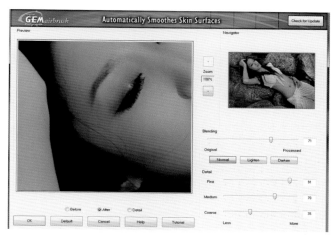

9
Step
由於人物過暗，所以需要調亮。點擊「圖層」面板底部的「建立新填色或調整圖層」按鈕，在彈出的選單中選擇【曲線】命令，調整如圖所示。然後按下快速鍵 Ctrl + I 來得到黑遮色片，並使用低不透明度、低流量的白色筆刷塗抹人物。

10
Step
點擊「圖層」面板底部的「建立新填色或調整圖層」按鈕，在彈出的選單中，選擇【色彩平衡】命令，調整如圖所示，其目的是將畫面渲染為冷色調。

11
Step
點擊「圖層」面板底部的「建立新填色或調整圖層」按鈕，在彈出的選單中選擇【曲線】命令，調整如圖所示，其目的是控制畫面反差。

10
Step

點擊「圖層」面板底部的「建立新填色或調整圖層」按鈕，在彈出的選單中，選擇【色相／飽和度】命令，打開「色相／飽和度」內容面板，調整紅色。其目的是降低紅色飽和度，讓商業色調表現得更明顯。

11
Step

點擊「圖層」面板底部的「建立新填色或調整圖層」按鈕，在彈出的選單中，選擇【亮度／對比】命令，打開「亮度／對比」內容面板，調整如圖所示，其目的是加強畫面對比度。

12
Step

按下快速鍵 Shift + Ctrl + Alt + E 來覆蓋圖層，得到「圖層 3」，並將其混合模式更改為柔光。

13 執行【濾鏡】→【其他】→【顏色快調】命令，打
Step 開「顏色快調」內容面板，參數設定如圖所示。

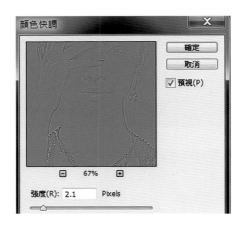

14 點擊「圖層」面板底部的「建立新填色或調整圖
Step 層」按鈕，在彈出的選單中選擇【曲線】命令，
打開「曲線」內容面板，調整藍、綠色版，其目的是對
影像進行潤色處理。

15
Step
更改「曲線 1」圖層的不透明度為 27%。

16
Step
點擊「圖層」面板底部的「建立新填色或調整圖層」按鈕，在彈出的選單中，選擇【色彩平衡】命令，打開「色彩平衡」內容面板，調整中間調，其目的是加強色彩。

17
Step
點擊「圖層」面板底部的「建立新圖層」按鈕，得到「圖層 4」，並將其混合模式設定為柔光，不透明度為 48%，其目的是塑造人物立體感。然後選擇筆刷工具，設定尺寸、不透明度後，塗抹需要處理的區域，如圖所示。

📷 TIPS

塗抹需要處理的區域，先設定前景色為白色，使用筆刷工具塗抹瞳孔、唇部區域；然後再設定前景色為黑色，塗抹眉毛、眼影、下唇部。

18
Step

按下快速鍵 Shift + Ctrl + Alt + E 來
覆蓋圖層，得到「圖層 5」。

19
Step

由於背景過渡得不夠自然，因此要選取「背景」圖層，使用套索工具對背景建立選取範圍，如左下圖
所示。然後按下快速鍵 Ctrl + J 進行複製，得到「圖層 6」。

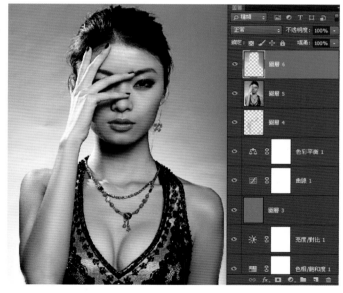

20
Step

執行【濾鏡】→
【模糊】→【高
斯模糊】命令，打開
「高斯模糊」對話方塊
設定參數。

21
Step

點擊「圖層」面
板底部的「建立
新填色或調整圖層」按
鈕，在彈出的選單中，
選擇【色相／飽和度】
命令，打開「色相／飽
和度」內容面板，調整
如圖所示。

22
Step

按下快速鍵 Alt +
Ctrl + G，其目的
是只作用於「圖層 6」。

23
Step

點擊「圖層」面板底部的「建立新填色或調
整圖層」按鈕，在彈出的選單中，選擇【色
彩平衡】命令，打開「色彩平衡」內容面板，調
整中間調、亮部，其目的是讓畫面色調偏冷一些，
此步驟可以根據圖片的效果來決定。

糖水通透人像處理技巧

糖水通透人像的處理，主要表現在人像磨皮方面，其次是對畫面景深的控制。本例效果對比如圖所示。

1 Step　執行【檔案】→【開啟舊檔】命令，打開原稿圖像（光碟：第 7 章 \7.4\ 原稿 .JPG）。

2 Step　由於暗部較暗，所以需要調亮。按下快速鍵 Ctrl + Alt + 2 來選取亮部範圍。

3 Step　接著按下快速鍵 Shift + Ctrl + I 來反轉選取範圍，然後再按下 Ctrl + J 快速鍵來複製暗部，得到「圖層 1」，並更改混合模式為濾色，其目的是調亮暗部區域。

4 Step　按下快速鍵 Shift + Ctrl + Alt + E 來覆蓋圖層，可得到「圖層 2」。

5
Step

執行【濾鏡】→【Kodak】命令，打開對話方塊進行磨皮。

6
Step

按住 Alt 鍵，同時點擊「圖層」面板底部的「增加圖層遮色片」按鈕，得到黑遮色片。

7
Step

設定前景色為白色，使用筆刷工具塗抹需要磨皮的皮膚，如下圖所示。

8 Step 按下快速鍵 Shift + Ctrl + Alt + E 來覆蓋圖層，得到「圖層 3」。

9 Step 打開「色版」面板，選擇「藍」色版，並對其進行複製，得到「藍 拷貝」色版。

10 Step 執行【濾鏡】→【其他】→【顏色快調】命令，參數設定如圖所示。

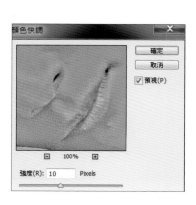

11 Step 執行【影像】→【運算】命令，參數設定如圖所示，得到「Alpha 1」色版。

12
Step
重複執行兩次【影像】→【運算】命令，選項全部為預設設定，可得到「Alpha 3」色版。

13
Step
點擊「色版」面板底部的「載入色版為選取範圍」按鈕，將 Alpha 3 載入為選取範圍；然後點擊「RGB」色版，返回影像狀態。

14
Step

按下快速鍵 Shift + Ctrl + I 來反轉
選取範圍。

15
Step

點擊「圖層」面板底部的「建立新
填色或調整圖層」按鈕，在彈出的
選單中選擇【曲線】命令，打開「曲線」
內容面板，調整 RGB 如圖所示，其目的
是控制人像磨皮的力道。

16
Step

設定前景色為黑色，使用筆刷工具塗抹不需要調整的區域，如圖所示。

5 執行【濾鏡】→【Kodak】命令，
Step 打開對話方塊進行磨皮，參數設
定如圖所示。

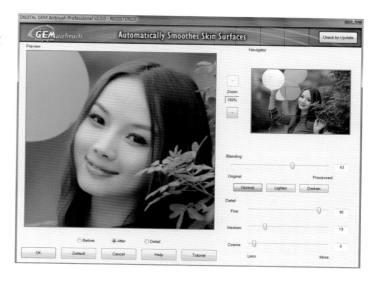

6 按住 Alt 鍵，同時點擊「圖層」面
Step 板底部的「增加圖層遮色片」按
鈕，得到黑遮色片。

7 設定前景色為白色，選擇筆刷工具，設定其尺寸為 50，其餘的選項設定全部為預設值，然後將需要
Step 磨皮的區域塗抹出來。

8 點擊「圖層」面板
底部的「建立新
填色或調整圖層」按鈕，
在彈出的選單中，選擇
【選取顏色】命令，打
開「選取顏色」內容面
板，調整綠色，其目的
是降低綠色，把畫面上
跳躍的色彩降為無色。

9 接著調整黑色，
其目的是對黑色
添加藍色、洋紅、紅色，
對畫面的整體色調進行
渲染。

10 最後調整青色，
目的是降低青色。

11 點擊「圖層」面
板底部的「建立
新填色或調整圖層」按
鈕，在彈出的選單中，
選擇【色版混合器】命
令，打開「色版混合器」
內容面板，對藍色版進
行調整，其目的是加大
藍色。

12
Step

更改「色版混合器 1」圖層的混合模式為顏色，不透明度為 12%，其目的是對畫面中的藍色進行減弱處理。

13
Step

按下快速鍵 Shift+Ctrl+Alt+E 來覆蓋圖層，得到「圖層3」，並設定圖層混合模式為柔光。

14
Step

執行【濾鏡】→【其他】→【顏色快調】命令，打開「顏色快調」對話方塊，參數設定如圖所示，其目的是銳利化影像。

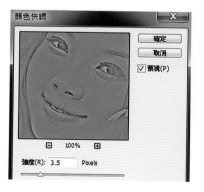

15 點擊「圖層」面板底部的「建立新圖層」按鈕，得到「圖層 4」。

16 使用白色筆刷工具，設定其尺寸為 50，其他選項設定全部為預設值，在人物皮膚上塗抹。

17 更改「圖層 4」的混合模式為柔光，不透明度為 68%。

1 執行【檔案】→【開啟舊檔】命令，打開原稿
Step 圖像（光碟：第 8 章 \8.1\ 原稿 .JPG）。

2 點擊「圖層」面板底部的「建立新填色或調整
Step 圖層」按鈕，選擇【黑白】命令，得到「黑白 1」
圖層。

3 點擊「圖層」面板
Step 底部的「建立新
填色或調整圖層」按鈕，
選擇【色階】命令，得
到「色階 1」圖層。觀察
色階的波峰，發現照片
明顯缺少亮部和暗部。

4
Step

按住 Alt 鍵，同時選擇白色（即亮部）的滑動色塊，此時畫面變黑，拖曳白色色塊向左，當畫面出現零星白點時，鬆開滑鼠，表示亮部調整完畢。

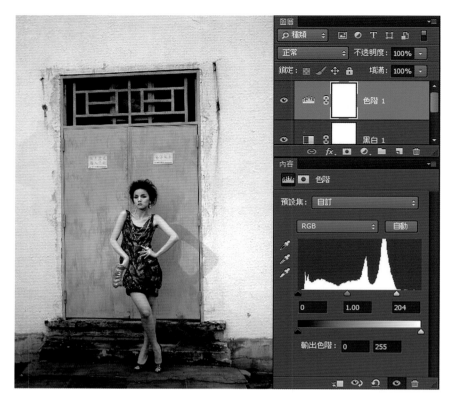

5
Step

按住 Alt 鍵，同時選擇黑色（即暗部）的滑動色塊，此時畫面變白，拖曳黑色色塊向右，當畫面出現零星黑點時，鬆開滑鼠，表示暗部調整完畢。到這裡，亮部和暗部的調整都結束了，可以將「黑白 1」圖層隱藏。

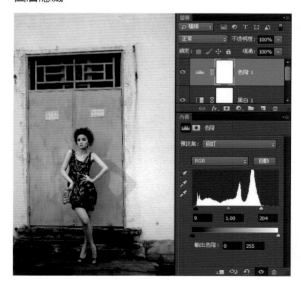

6 | 對畫面暗部進行
Step 著色。點擊「圖
層」面板底部的「建立
新填色或調整圖層」按
鈕，選擇【選取顏色】
命令，參數設定如圖所
示，其目的是將暗部調
成青藍色的效果。

7 | 對畫面的亮色進
Step 行著色。點擊「圖
層」面板底部的「建立
新填色或調整圖層」按
鈕，選擇【選取顏色】
命令，參數設定如圖所
示，其目的是將亮色調
成淡淡的青藍色。

8
Step
突顯畫面廢墟的氛圍。點擊「圖層」面板底部的「建立新填色或調整圖層」按鈕，選擇【色彩平衡】命令，參數調整如圖所示；其目的是添加暖色，突顯畫面的陳舊感。

5
Step
接著按下快速鍵 Shift+Ctrl+Alt+E 來覆蓋圖層，得到「圖層 2」，並更名為「合併圖層」。

6
Step
由於暗部較暗，所以需要調亮。按下快速鍵 Ctrl + Alt + 2 來選取亮部範圍，再按下快速鍵 Shift + Ctrl + I 來反轉選取範圍。

7
Step
點擊「圖層」面板底部的「建立新填色或調整圖層」按鈕，在彈出的選單中選擇【曲線】命令，調整如圖所示，其目的是調亮畫面的暗部區域。

8
Step

執行【檔案】→
【開啟舊檔】命
令，打開文字圖片（光
碟：第 8 章 \8.2\ 文字
1.JPG），將其拖曳至目
前的檔案裡，得到「圖
層 2」。調整圖片的大
小、形狀及位置後，設
定圖層混合模式為色彩
增值，目的是遮罩白色。

9
Step

點擊「圖層」面
板底部的「增加
圖層遮色片」按鈕，使
用黑色筆刷來塗抹多餘
的文字。

10
Step

執行【檔案】→
【開啟舊檔】命
令，打開文字圖片（光
碟：第 8 章 \8.2\ 文字
2.JPG），將其拖曳至目
前的檔案裡，得到「圖
層 3」。調整圖片的大
小、形狀及位置後，設
定圖層混合模式為色彩
增值，目的是遮罩白色。

11
Step

點擊「圖層」面板底部的「增加圖層遮色片」按鈕，使用黑色筆刷來塗抹多餘的文字。

12
Step

執行【檔案】→【開啟舊檔】命令，打開水墨畫圖像（光碟：第 8 章 \8.2\ 水墨 .JPG）。

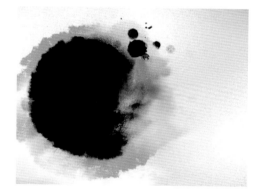

13
Step

將水墨畫圖像拖曳至目前的檔案裡，得到「圖層 4」，調整其大小及位置後，設定圖層混合模式為色彩增值，其目的是遮罩白色；另外，要適當降低圖層的不透明度，如圖所示。

14
Step

點擊「圖層」面板底部的「增加圖層遮色片」按鈕，並使用低不透明度的黑色筆刷，多次塗抹水墨畫以外的區域。

15
Step

執行【檔案】→【開啟舊檔】命令，打開魚群圖像（光碟：第 8 章 \8.2\ 魚 .psd）。

16
Step

將魚群圖像拖曳至目前的檔案裡，得到「圖層 5」，調整其大小及位置後，設定圖層混合模式為色彩增值，其目的是遮罩白色。

4
Step
按下快速鍵 Shift + Ctrl + Alt + E 來覆蓋圖層，
得到「圖層 1」。

5
Step
使用「套索工具」，為人物的皮膚建立選取範
圍，如圖所示。

6
Step
執行【濾鏡】→【Kodak】
命令，打開對話方塊進行
磨皮。

7
Step

接著要通透膚色來烘托背景色彩，使畫面產生宛如花季般的青春氛圍。點擊「圖層」面板底部的「建立新填色或調整圖層」按鈕，在彈出的選單中，選擇【選取顏色】命令。調整紅色，其目的是讓膚色紅潤；調整綠色，其目的是讓畫面原有的綠色更濃一些；調整黃色，其目的是讓畫面原有的黃色更濃一些。

8
Step
點擊「圖層」面板底部的「建立新填色或調整圖層」按鈕，在彈出的選單中，選擇【色彩平衡】命令，對暗部進行調整。其目的是恢復頭髮原有的色彩，讓皮膚更加剔透。

9
Step
由於畫面偏灰，所以要拉大影像反差。點擊「圖層」面板底部的「建立新填色或調整圖層」按鈕，在彈出的選單中選擇【色階】命令，參數調整如圖所示。

10
Step
由於在調整時頭髮受到影響，所以要使用低不透明度、低流量的黑色筆刷來塗抹頭髮，將其還原。

11
Step

點擊「圖層」面板底部的「建立新填色或調整圖層」按鈕，在彈出的選單中選擇【曲線】命令；在調亮 RGB 的同時，也要適當降低圖層的不透明度，如圖所示。

12
Step

按下快速鍵 Ctrl+I 來得到黑遮色片，接著使用低不透明度、低流量的白色筆刷來塗抹額頭、皮膚及頭髮，如圖所示。

13
Step

點擊「圖層」面板底部的「建立新填色或調整圖層」按鈕，在彈出的選單中選擇【曲線】命令，在調暗 RGB 的同時，也要適當降低圖層的不透明度。最後使用黑色筆刷來塗抹人物區域，如圖所示。